电力建设企业技能人员专业培训教材

电力工程建筑材料取样操作技能

广东电网能源发展有限公司 组编
罗楚楠 主编

中国电力出版社
CHINA ELECTRIC POWER PRESS

内 容 提 要

建筑材料是线路工程本体的重要组成部分，材料的合格与否直接影响到工程质量，而材料送检取样的合理性直接决定材料的合格性判定。本书重点介绍电力工程建筑材料取样及质量要求的基础知识，全书共分5章，第1章介绍混凝土的基本知识；第2章介绍混凝土原材料及配比；第3章介绍材料检验的基本知识；第4章和第5章介绍常用建筑材料的取样数量及方法、技术质量要求；并收录了常用建筑材料检验基本项目与要求、送检要求，钢筋原材料冷弯试验取样长度参照表等常用资料。

本书可作为电力工程专业技能人才实操培训教材，也可供电力工程施工一线员工建筑材料取样实训操作参考。

图书在版编目（CIP）数据

电力工程建筑材料取样操作技能 / 罗楚楠主编；广东电网能源发展有限公司组编．—北京：中国电力出版社，2022.4（2022.7重印）

ISBN 978-7-5198-6462-0

Ⅰ．①电… Ⅱ．①罗… ②广… Ⅲ．①电力工程－建筑材料－采样 Ⅳ．①TM7

中国版本图书馆CIP数据核字（2022）第022722号

出版发行：中国电力出版社
地　　址：北京市东城区北京站西街19号（邮政编码100005）
网　　址：http://www.cepp.sgcc.com.cn
责任编辑：赵鸣志
责任校对：黄　蓓　郝军燕
装帧设计：赵丽媛
责任印制：吴　迪

印　　刷：北京天宇星印刷厂
版　　次：2022年4月第一版
印　　次：2022年7月北京第二次印刷
开　　本：787毫米×1092毫米　16开本
印　　张：3.25
字　　数：78千字
印　　数：1501—2500册
定　　价：30.00元

《电力工程建筑材料取样操作技能》编写人员名单

主　编　罗楚楠

副主编　杜育斌　陈世勇　吴锐涛　黄树冰

参　编　崔粤宇　张　耀　丘　丹　邹广文　蔡增涛

前言

建筑材料是线路工程本体的重要组成部分，材料的合格与否直接影响到工程质量，而材料送检取样的合理性直接决定材料的合格性判定。本书总结多年来输电线路工程建筑材料送检取样经验编制而成，注重基础性、实践性。希望读者通过对本书的学习，能够对建筑材料取样实训操作建立初步概念，掌握各建筑材料的取样操作方法，领会操作技巧。

全书共分 5 章。第 1 章介绍混凝土的基本知识；第 2 章介绍混凝土原材料及配比；第 3 章介绍材料检验的基本知识；第 4 章和第 5 章介绍常用建筑材料的取样数量及方法、技术质量要求；附录部分收录常用建筑材料检验基本项目与要求、送检要求，以及钢筋原材冷弯试验取样长度参照表。本书可作为电力工程专业技能人才实操培训教材，也可为电力工程施工一线员工建筑材料取样实训操作提供参考。

由于编者技术水平有限，书中疏漏不妥之处在所难免，恳请读者批评指正。

广东电网能源发展有限公司　董事长

2021 年 12 月

目录

第1章

混凝土的基本知识

1.1 混凝土的基本组成

混凝土是指以水泥作为胶凝材料，按适当比例加入细骨料（如砂子）、粗骨料（如石子），和水拌制后，经硬化而成的人造石。混凝土中如没有粗骨料则称为砂浆，砂浆中没有细骨料的称为水泥净浆。

常见的混凝土是普通混凝土，由水泥、砂、石和水组成。这四种材料的作用是：水泥和水形成水泥浆，水泥浆包裹在骨料表面并填充砂、碎石之间的空隙；在硬化前，水泥浆起润滑作用，赋予拌合物一定的和易性，便于施工；水泥浆硬化后，则将骨料胶结成一个坚实的整体。

砂、石在混凝土中起到骨架作用，故称为骨料。

1.2 混凝土的特性

混凝土便于施工，在凝结前具有良好的塑性，可以浇制成各种形状和大小的构件或结构物。混凝土硬化后抗压强度高，耐久性良好。混凝土与钢筋有牢固的黏结力，能制作钢筋混凝土结构和构件。混凝土可根据不同要求配制各种不同性质的混凝土，如防水混凝土、耐酸混凝土、速凝混凝土等。混凝土中的砂、石易就地取材，较为经济。但混凝土自重大，抗拉强度低，容易开裂。

一、混凝土的强度等级

混凝土的强度等级是按混凝土立方体抗压强度标准值来划分的。混凝土强度等级采用符号 C 与立方体抗压强度标准值（以 N/mm^2 计）表示。如混凝土强度等级为 C20，就是指立方体抗压强度标准值为 $20N/mm^2$ 的混凝土。

立方体抗压强度标准值是指按标准方法制作和养护的边长为 150mm 的立方体试件（试

块），在 28 天龄期，用标准试验方法测得的抗压强度值。

普通混凝土的强度等级划分为 12 个等级：C7.5、C10、C15、C20、C25、C30、C35、C40、C45、C50、C55 和 C60。

二、混凝土的可塑性

混凝土可以根据设计要求制成各种形状和不同大小的构件或制品，以及各种不同要求的结构或构筑物。混凝土拆模后，一般不需要再进行加工。混凝土这种随意成型的特性使其得到广泛的应用。

三、混凝土的耐久性

混凝土具有良好的耐磨、抗冻、抗风化、抗化学腐蚀的性能。混凝土一般不需要经常维护。

四、混凝土抗拉性

混凝土最大缺点是抗拉性差，其抗拉强度只有抗压强度的 5%～10%。对于低标号混凝土，这个比值大一些；对于高标号混凝土，这个比值小一些。混凝土的抗弯强度约为抗压强度的 1/7～1/5，混凝土的抗剪强度约为抗压强度的 1/6～1/4，约为抗拉强度的 2.5 倍。因此在某些受拉、受弯、受剪的构件中，用钢筋和混凝土联合使用，以克服其缺点。

五、混凝土的硬化过程

混凝土硬化过程是水泥和水化合作用的结果，这个过程进行得很缓慢，周围的环境温度对其有一定影响。温度高则硬化较快，温度低则硬化慢，结冰后硬化停止。混凝土硬化的正常温度为 20℃。

混凝土硬化过程是在混凝土搅拌后，随时间而自然硬化，可分为三个阶段。①初凝：混凝土开始凝结。混凝土约在加水搅拌后 45min 开始凝结，气温高要早些，气温低要迟些，所以混凝土的浇制工作应在开始初凝前完成。②终凝：混凝土凝结成形，约在搅拌后 5～20h 之间完成。但此时混凝土强度很弱，不应受到外力或其他干扰。③硬化：混凝土强度逐渐提高的过程。混凝土在正常养护条件下，前 7 天强度增长较快，可达到 28 天龄期强度的 60%～65%，7～14 天强度增长稍慢，28 天后增长就变得缓慢，此后混凝土强度在很长的年份内都在缓慢增长。因此，一般规定以 28 天的抗压强度等级作为设计和施工检验质量的标准，故

28天称为混凝土的期龄。

要注意的是，混凝土浇注后，不能受冻，受冻就会停止强度增长，硬化过程大为变坏。水结成冰会使混凝土组织变得疏松，强度大为降低，甚至成为废品。因为混凝土依靠水泥与水作用而产生强度，当温度低于混凝土冰点时，混凝土中的水分冻结，不仅水泥不能与冰发生化学反应，而且因水结成冰后会产生体积膨胀（约9%），引起混凝土内部结构的破坏，所以强度会显著降低。只有当混凝土强度增长至混凝土标号的40%或达到4.9MPa时，才能抵抗水结成冰时体积膨胀的破坏。

第2章

混凝土原材料及配比

2.1 水　　泥

水泥是一种无机粉状水硬性胶凝材料，水泥加水搅拌后成为塑性浆体，能在空气和水中硬化，并把砂、石等材料牢固地胶结在一起，具有一定的强度。水泥质量是影响混凝土强度的关键因素之一。

水泥是水硬性胶凝材料，水泥浆体不但能在空气中硬化，还能更好地在水中硬化，保持并继续增长其强度。

一、水泥的品种

制造水泥的原料有石灰石、石英砂、黏土和赤铁矿砂等。将这些原料按一定比例混合，经过粉碎、磨细就成为生料，将生料投入窑中煅烧成熟料，储存1～3周，加入适量石膏，磨细即成水泥。加入不同的混合料即成不同品种的水泥。我国常用普通水泥品种分为：硅酸盐水泥、普通硅酸盐水泥、矿渣硅酸盐水泥、火山灰硅酸盐水泥、粉煤灰硅酸盐水泥。其他水泥品种有：快硬硅酸盐水泥、膨胀硅酸盐水泥、白色硅酸盐水泥。

（1）硅酸盐水泥。凡由硅酸盐水泥熟料、0～5％石灰石或粒化高炉矿渣、适量石膏磨细制成的水硬性胶凝材料，都称为硅酸盐水泥。

（2）普通硅酸盐水泥。凡由硅酸盐水泥熟料、6％～15％混合材料、适量石膏磨细制成的水硬性胶凝材料，都称为普通硅酸盐水泥，简称普通水泥。

（3）矿渣硅酸盐水泥。凡由硅酸盐水泥熟料和粒化高炉矿渣、适量石膏磨细制成的水硬性胶凝材料都称为矿渣硅酸盐水泥，简称矿渣水泥。水泥中粒化高炉矿渣掺加量按质量百分比计为20％～70％。

（4）火山灰质硅酸盐水泥。凡由硅酸盐水泥和火山灰质混合材料、适量石膏磨细制成的水硬性胶凝材料都称为火山灰质硅酸盐水泥，简称火山灰水泥。水泥中火山灰质混合材料掺加量按质量百分比计为20％～50％。

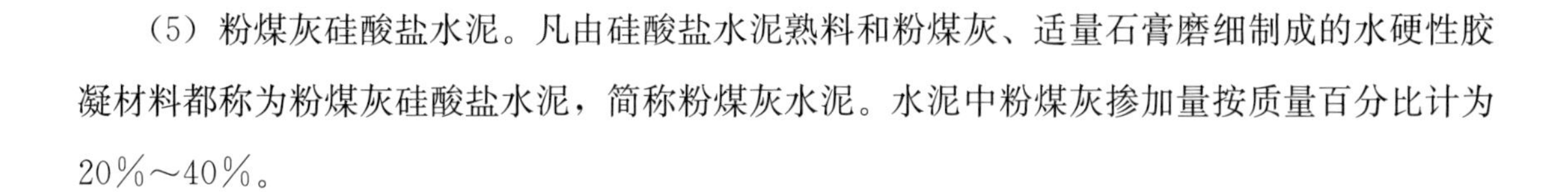

（5）粉煤灰硅酸盐水泥。凡由硅酸盐水泥熟料和粉煤灰、适量石膏磨细制成的水硬性胶凝材料都称为粉煤灰硅酸盐水泥，简称粉煤灰水泥。水泥中粉煤灰掺加量按质量百分比计为20%～40%。

二、水泥的性质

测定水泥的质量，一般有以下技术指标：

（1）密度。普通水泥的密度为 1000～1600kg/m^3，通常采用 1300kg/m^3 计算。

（2）细度。细度是指水泥颗粒的粗细程度。颗粒越细，水泥表面积越大，水化作用越快，水泥的硬化就越快，早期强度也越高。但在干燥大气中易硬化，体积会有较大的收缩，且易吸湿。一般认为，水泥颗粒小于 40μm 时，才具有较高的活性。我国国家标准规定，水泥的细度检验用筛析法，把在 0.08mm（即 80μm）方孔标准筛余量小于 15%。

（3）强度。水泥的强度取决于熟料的矿物成分和细度。强度是水泥作为胶结材料的主要性质，是按国家标准强度检验方法，把水泥和标准砂按 1∶2.5 混合，加入规定数量的水，按规定的方法制成试件，在标准温度（20℃±2℃）水中养护，测定其 3 天、7 天和 28 天的强度。按照测定结果，我国普通水泥标号有 225、275、325、425、525、625 六个等级。

（4）标准稠度用水量。用水泥标准稠度测定仪测定，一般用水量在 23%～31%之间。

（5）水化热。水泥与水的作用为放热反应，在水泥硬化过程中，不断放出热量，称为水化热。水化热大部分在水化初期（7 天）放出，以后逐渐减少。

（6）凝结时间。水泥从加水搅拌到开始凝结所需的时间称为初凝时间。已经初凝的水泥，塑性会大为降低。水泥从加水搅拌到凝结完成所需的时间称为终凝时间。已经终凝的水泥才初步具有强度。水泥的凝结时间与水泥品种和混合材料的掺量有关，高强快硬水泥的凝结时间较短，而混合材料掺量大的水泥凝结则较慢。实际上，一般水泥的初凝时间多为 2～3h，终凝时间多为 6～8h，这样的凝结时间对施工操作来说是比较适宜的（施工时，一般希望初凝要慢，终凝要快）。国家标准规定，水泥的初凝时间不得早于 45min，终凝时间不得迟于 12h。

（7）体积安定性。体积安定性简称安定性，是指水泥在硬化过程中体积变化的均匀性能。如果水泥中含有较多的游离石灰、氧化镁或三氧化硫，就会使水泥的结构产生不均匀的变形，甚至破坏。如果在水泥已经硬化后，产生不均匀的体积变化，即所谓体积安定性不良，就会使构件产生膨胀性裂缝，降低建筑质量，甚至引起严重事故。

用消沸煮法检验水泥的体积安定性。水泥净浆试饼沸煮 4h 后，经肉眼观察未发现裂纹，用直尺检查没有弯，则称为体积安定性合格。国家标准规定，水泥熟料中游离氧化镁（MgO）含量不得超过5.0%，水泥熟料中三氧化硫（SO_3）含量不超过3.5%，以控制水泥的体积安定性。

体积安定性不良的水泥应作废处理，不能用于工程中。

三、水泥进场验收及保管

（1）水泥进场时，必须有出厂合格证或进场试验报告，并应对其品种、标号、包装、出厂日期等检查验收。

（2）入库的水泥应按品种、标号、出厂日期分别堆放，并树立标志。做到先到先用，并防止混掺使用。

（3）为了防止水泥受潮，现场仓库应尽量密闭。包装水泥存放时，应垫起离地约30cm，离墙也应在30cm以上。堆放高度一般不要超过10包。临时露天暂存水泥也应用防雨篷布盖严，底板要垫高，并采取防潮措施，一般可用油纸、油毡或油布铺垫。

（4）水泥储存时间不宜过长，以免结块降低强度。常用水泥在正常环境中存放3个月，强度将降低10%～20%；存放6个月，强度将降低15%～30%。为此，水泥存放时间按出厂日期起算，超过3个月，应视为过期水泥，使用时应复查试验，并按其试验结果使用。

（5）受潮水泥经鉴定后，在使用前应将结成的硬块筛除。凡受潮和过期的水泥不宜用于强度等级高的混凝土或主要工程结构部位。

2.2 砂

砂是混凝土中的细骨料。自然条件作用下形成的、粒径在5mm以下的岩石颗粒，称为天然砂。砂按细度模数 m 分为粗、中、细三级，其范围为：

细砂：1.6～2.2；

中砂：2.3～3.0；

粗砂：3.1～3.7。

配制混凝土时采用的砂的质量要求，有以下几个方面。

一、有害杂质

配制混凝土的砂，必须颗粒坚硬、洁净且不含杂质。砂中常含有害杂质，如云母、黏

土、淤泥、粉砂等。这些杂质会黏附在砂的表面，妨碍水泥与砂的黏结，降低混凝土强度；同时还增加混凝土的用水量，从而加大混凝土的收缩，降低抗冻性和抗渗性。一些有机杂质如硫化物及硫酸盐，对水泥有腐蚀作用。有害杂质的含量不得超过规定范围。要求含泥量不大于砂重的 5%，云母等其他杂质不应超过砂重的 5%。砂的颗粒级配要符合要求，空隙率不得大于 40%，越小越好。天然砂的相对密度在 2.5～2.75 之间，砂的密度一般为 1400～1500kg/m^3。

二、颗粒形状及表面特征

按产源不同，天然砂可分为河砂、山砂和海砂。

河砂长期经受流水冲洗，颗粒形状多呈圆形，表面光滑，与水泥的黏结较差；但其有害杂质含量低，产地分布段广，一般工程大量采用。

山砂是从山谷或河床中采运而得，颗粒多具有棱角，表面粗糙，与水泥胶合力强，黏结性较好；但含泥量和含有机杂质较多，使用时应加限制。

海砂因含有氯盐，对基础中的钢筋、地腿螺栓有锈蚀作用，故电力线路工程不宜采用。

三、砂的粗细（细度模数）及颗粒级配

在相同质量条件下，如果砂子过粗，砂子表面积总量就小，所需用胶合表面的水泥浆为省，水泥用量也少，但拌出的混凝土拌合物黏聚性较差，容易产生离析泌水现象。如果砂子过细，砂的总表面积就较大，拌出的混凝土拌合物黏聚性较好，不易产生离析泌水现象，但需要包围在砂子表面的水泥浆增多，因而多耗费水泥。一般认为细度模数在 2.6～2.7 时最好。用于混凝土的砂，平均粒径不可小于 0.25m；低于 C10 混凝土可采用细砂，但平均粒径不得小于 0.20mm。

砂的颗粒级配，即表示砂大小颗粒的搭配情况。在混凝土中砂粒之间的空隙由水泥浆填充，为达到节约水泥和提高强度的目的，就应尽量减少砂粒之间的空隙。由图 2-1 可以看到：是同样粗细的砂空隙最大［见图 2-1（a）］；两种粒径的砂搭配起来，空隙就减少了［见图 2-1（b）］；三种粒径的砂搭配，空隙就更小了［见图 2-1（c）］。由此可见，要想减少砂粒的空隙，就必须有大小不同的颗粒搭配。

在拌制混凝土时，这两个因素（砂的粗细及颗粒级配）应同时考虑。砂的粗细程度和颗粒级配常用筛分析的方法测定。用级配表示砂的颗粒级配，用细度模数表示砂的粗细。

拌制混凝土用砂一般选用级配符合要求的粗砂和中砂。

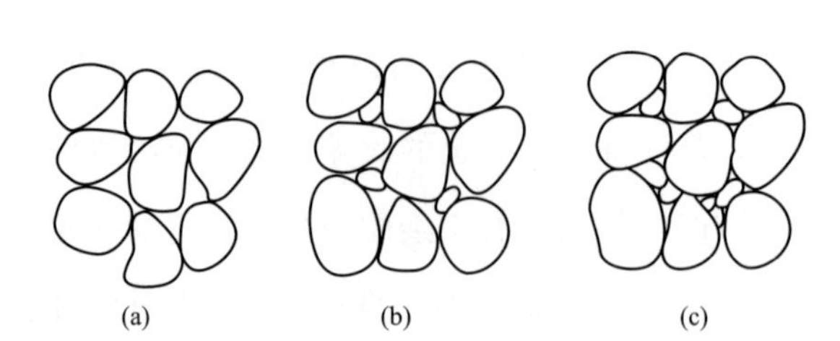

图 2-1　骨料颗粒级配图

2.3　石　子

石子是混凝土中的粗骨料，普通粗骨料一般分为碎石和卵石两种。由天然岩石或卵石经破碎筛分而得的粒径大于 5mm 的岩石颗粒，称为碎石；由自然条件作用而形成的粒径大于 5mm 的颗粒称为卵石。由于碎石是轧制而成的，所以一般含泥量和杂质较少，而且颗粒富有棱角，表面粗糙，与水泥砂浆黏结力较强，因此一般混凝土工程大量采用。

不论碎石还是卵石，按粒径可分为：

细石：平均粒径 5～20mm；

中石：平均粒径 20～40mm；

粗石：平均粒径 40～80mm。

送电线路的钢筋混凝土基础，一般采用中石；无筋混凝土基础可采用粗石。混凝土中石子最大粒径不得大于浇灌部分结构断面最小边长的 1/4；在钢筋混凝土中，石子最大粒径不得大于钢筋间最小净距离。混凝土用的石子以坚硬带棱角、清洁为好，石子的强度大于混凝土强度。石子的颗粒级配要符合要求，空隙率不超过 45％。

粗细骨料约占混凝土原材料的 70％，骨料的质量对混凝土质量的影响很大。配制高质量混凝土必须用高质量、高强度、物理化学性能稳定、不含有机杂质及盐类的粗细骨料。

配制混凝土的粗骨料的质量要求有以下几个方面：

（1）有害杂质。粗骨料中常含有一些有害杂质，如黏土、淤泥及细屑、硫酸盐及硫化物和有机物质。它们的危害性与在细骨料中相同，含量一般不得超过相关标准的规定。

（2）颗粒形状及表面特征。碎石具有棱角，表面粗糙，与水泥黏结较好；而卵石多为圆形，表面光滑，与水泥的黏结较差。在水泥用量和用水量相同的情况下，碎石的混凝土流动性较差，但强度较高；而卵石拌制的混凝土则流动性较好，但强度较低。

粗骨料的颗粒形状还可分为针状（颗粒长度大于该颗粒所属粒级的平均粒径的 2.4 倍）和片状（厚度小于平均粒径的 0.4 倍）。这种针、片状颗粒过多，会使混凝土强度降低。针、片状颗粒含量一般应符合相关标准的规定。

（3）强度。为保证混凝土的强度要求，粗骨料都必须质地致密、具有足够的强度。碎石或卵石的强度，可用岩石立方体强度和压碎指标两种方法表示。

（4）坚固性。有抗冻要求的混凝土所用粗骨料，要求测定其坚固性。

（5）最大粒径及颗粒级配。当骨料料径增大时，其表面积随之减少。因此，保证一定厚度润滑层所需的水泥浆或砂浆的数量也相应减少，所以粗骨料的最大粒径应在条件许可下，尽量选用得大些。但是粗骨料粒径又不能过分增大，而应取决于构件的截面尺寸和配筋疏密等。

石子级配的好坏对节约水泥和保证混凝土具有良好的和易性有很大影响。石子的级配也通过筛分试验来确定。

2.4　水

水是混凝土的主要成分之一，水质不纯会影响水泥的硬化及混凝土强度的发展，并对钢筋产生锈蚀作用。为了保证混凝土的质量，拌制混凝土宜用饮用水。当无饮用水时，可采用河水、溪水或清洁的池塘水。除设计有特殊要求外，可只进行外观检查不做化验。水中不得含有油脂，其上游地也无有害化合物流入，有怀疑时应进行化验。另外，不得使用海水拌制混凝土。

在拌制和养护拌合的水中，不得含有影响水泥正常凝结与硬化的有害杂质如油脂、糖类等。凡是能饮用的自来水和清洁的天然水，都能用来拌制和养护混凝土。污水、pH 值小于 4 的酸性水、硫酸盐含量超过 1%的水均不得使用。

2.5　混凝土外加剂

在拌制混凝土过程中，为了达到一定目的，掺入少量的外掺物，称为外加剂。混凝土掺入外加剂是改善性能、加快施工进度、节约水泥的有效措施，在技术经济上具有明显的优越性。近年来，外加剂发展很快，应用也相当普及，已被公认为混凝土中除了水泥、砂、石、水以外的第五种成分。

送电线路常用的外加剂简述如下。

一、减水剂

在混凝土坍落度基本相同的条件下能减少拌合用水量的外加剂称为减水剂。它的作用是：在保证混凝土强度不变的条件下，节约水泥用量；在水泥用量不变的条件下，可提高混凝土强度；在用水量、水泥用量不变的条件下，可增大混凝土流动性。目前国内减水剂的种类有：

（1）木质素磺酸盐类，如木质素磺酸钙、木质素磺酸钠。

（2）多环芳香族磺酸盐类，如萘和萘的同系磺化物与甲醛缩合的盐类。

（3）水溶性树脂磺酸盐类，如磺化三聚氰胺树脂、磺化古玛隆树脂。

二、引气剂

在搅拌混凝土过程中能引入大量均匀分布、稳定而封闭的微小气泡的外加剂。它能改善混凝土拌合物的和易性，提高混凝土的抗冻融性及耐久性。常用种类有：

（1）松香树脂类，如松香热聚物、松香皂等。

（2）烷基苯磺酸类，如烷基苯磺酸盐、烷基苯聚氧乙烯醚等。

（3）脂肪醇磺酸盐类，如脂肪醇聚氧乙烯酰、脂肪醇聚氧乙烯碱酸钠等。

三、缓凝剂

缓凝剂指延长混凝土凝结时间的外加剂，它能调节混凝土凝结硬化速度，在大面积混凝土施工中，特别是在炎热气候条件下可防止施工裂缝的产生，并延长捣固时间；在混凝土运输中加入缓凝剂，可控制凝结时间。常用缓凝剂种类有：

（1）糖类，如糖钙等。

（2）木质素磺酸盐类，如木质素磺酸钙、木质素磺酸钠等。

（3）无机盐类，如锌盐、硼酸盐、磷酸盐等。

四、早强剂

加速混凝土早期强度发展的外加剂。它可以加速自然养护混凝土的硬化，提高早期强度。特别适用于低温和负温条件下施工的有早强或防冻要求的混凝土工程。常用的早强剂种类有：

（1）氯盐类，如氯化钙、氯化钠。

（2）硫酸盐类，如硫酸钠、硫化硫酸钠等。

（3）有机胺类，如三乙醇胺、三异丙醇胺等。

需要注意的是，输电线路基础混凝土中严禁掺入氯盐。外加剂的使用应按照各产品的使用说明。

2.6　混　凝　土

混凝土在未凝结硬化以前，称为混凝土拌合物，其主要技术指标是和易性。混凝土拌合物硬化以后，应具有足够的强度。

一、混凝土拌合物的和易性

和易性是指混凝土拌合物易于施工操作（拌合、运输、浇灌、捣实）并能获得质量均匀、成型密实的性能。和易性是一项综合的技术指标，包括流动性、黏聚性和保水性。目前，尚没有能够全面反映混凝土拌合物和易性的测定方法。在工地和实验室，通常是测定其流动性，并辅以直观经验评定黏聚性和保水性。

坍落度是混凝土拌合物流动性的指标。坍落度越大，表示流动性越大。根据坍落度的不同，可将混凝土拌合物分为：流态的（坍落度大于 80mm）、流动性的（坍落度大于 30～80mm）、低流动性的（坍落度大于 10～30mm），以及主干硬性的（坍落度值小于 10mm）。坍落度试验只适用骨料最大粒径不大于 40mm、坍落度值不小于 10mm 的混凝土拌合物。

影响和易性的主要因素有：①水泥浆的数量；②水泥浆的稠度；③砂率；④水泥品种和骨料的性质；⑤外加剂。

二、混凝土的强度

混凝土的强度，一般由立方体抗压强度与标号表示。混凝土的标号是用边长为 15cm 的立方体试块，在标准条件下（温度为 20℃±3℃、相对湿度 90%以上）养护到 28 天，测得的抗压极限强度值来确定的。

采用标准试验方法测定其强度是为了能使混凝土的质量有对比性。在实际的混凝土工程中，其养护条件（温度、温度）不可能与标准养护条件一样。为了说明工程中混凝土实际达到的强度，往往把混凝土试块放在与工程相同条件下养护，再按所需的龄期进行试验，作为工地混凝土质量控制的依据。

影响混凝土强度的因素有：在普通混凝土中，骨料最先破坏的可能性小，因为骨料强度经常大大超过水泥石和黏结面的强度。所以混凝土的强度取决于水泥石强度及其与骨料表面的黏结强度。而水泥石强度及其与骨料的黏结强度又与水泥标号、水灰比及骨料的性质有密切关系。此外，混凝土的强度还受施工质量养护条件及龄期的影响。

2.7 混凝土配合比的计算

混凝土的配合比是指混凝土的组成材料之间用量的比例关系，一般用水∶水泥∶砂∶石来表示，且以水泥为基数1。

一、配合比计算的一般规定

（1）最少用水量。混凝土在满足施工和易性的条件下，当水泥用量维持不变时，用水量越少，水灰比越小，则混凝土密实性越好，收缩量越小；当水灰比维持不变时，在保证混凝土强度的前提下，用水量越少，水泥用量越省，同时混凝土体积变化也越少。因此，应力求最少的用水量。

（2）最大的石子粒径。石子最大粒径越大，则总表面积越小，表面上需要包裹的水泥浆就越少，混凝土密实性提高。但石子最大粒径要受到结构断面尺寸和钢筋最小间距等条件的限制。

（3）最多石子用量。混凝土以石子为主体，砂子填充石子的空隙，水泥浆则使浆石胶成一体。石子用量越多，则需要用的水泥浆越少。但石子用量不可任意增多，否则不利于混凝土拌合物黏聚性和浇捣后的密实性。因此在原材料与混凝土和易性一定的条件下，应选择一个最优石子用量。

（4）最密骨料级配。要使石子用量最多，砂石骨料混合物级配合适，密度最大，空隙率最小，且骨料级配应与混凝土和易性相适应。

二、普通混凝土配合比计算

（1）计算步骤。目前，配合比计算都采用计算与试验相结合的方法，即先根据结构物的技术要求、材料情况及施工条件等，计算出理论配合比，再用施工所用的材料进行试配，并根据试压结果进行调整，最后定出施工用的配合比。混凝土配合比计算步骤如下：

1）计算要求的配制强度。混凝土的配置强度，可根据与设计混凝土强度等级相应的混凝土立方体抗压强度标准值按式（2-1）计算，即

$$f_{cu,o} = f_{cu,k} + 1.645\sigma \tag{2-1}$$

式中 $f_{cu,o}$——混凝土的施工配置强度，N/mm^2；

$f_{cu,k}$——设计的混凝土立方体抗压强度标准，N/mm^2；

σ——施工单位的混凝土强度标准差，N/m^2。

线路施工单位不是专职混凝土施工单位，不具有近期同一品种混凝土强度 25 组以上资料，故 σ 值的选取不能由计算求得，可按强度等级选取，一般地，低于 C20 的 $\sigma=4$、C20～C35 的 $\sigma=5$、高于 C35 的 $\sigma=6$。

2）确定水灰比。根据混凝土配制强度 $f_{cu,o}$、水泥实际强度和粗骨料种类，利用经验公式计算水灰比值。

采用碎石时有

$$f_{cu,o}=0.46f_{ce}\left(\frac{c}{w}-0.52\right) \tag{2-2}$$

采用卵石则有

$$f_{cu,o}=0.48f_{ce}\left(\frac{c}{w}-0.61\right) \tag{2-3}$$

式中　$\frac{c}{w}$——混凝土所要求的灰水比；

f_{ce}——水泥的实际强度，N/mm^2。

在无法取得水泥强度实际值时，可用式（2-4）代入，即

$$f_{ce}=\lambda_{ce}f_{ce,k} \tag{2-4}$$

式中 $f_{ce,k}$——水泥标号，单位换算为 N/m^2；

λ_{ce}——水泥标号的富裕系数，一般可用 1.13。

出厂期超过 3 个月或存放条件不良而已有所变质的水泥，应重新鉴定其标号，并按实际强度进行计算。

计算所得的混凝土水灰比值应与规范规定的范围进行核对，如果计算所得的水灰比大于表 2-1 所规定的最大水灰比，则应按表 2-1 取值。

表 2-1　　混凝土最大水灰比和最小水泥用量

混凝土所处的环境条件	最大水灰比	最小水泥用量（kg/m^3）			
		普通混凝土		轻骨料混凝土	
		配筋	无筋	配筋	无筋
不受雨雪影响的混凝土	不作规定	250	200	250	225
（1）受雨雪影响的露天混凝土； （2）位于水中或水位升降范围内的混凝土； （3）在潮湿环境中的混凝土	0.7	250	225	275	250

续表

混凝土所处的环境条件	最大水灰比	最小水泥用量（kg/m³）			
		普通混凝土		轻骨料混凝土	
		配筋	无筋	配筋	无筋
（1）寒冷地区水位升降范围的混凝土； （2）受水压作用的混凝土	0.65	275	250	300	275
严寒地区水位升降范围内的混凝土	0.6	300	275	325	300

注 1. 表中的水灰比，对普通混凝土，系指水与水泥（包括外掺混合材料）用量的比值；对轻骨料混凝土，系指净用水量（不包括轻骨料 1h 吸水量）与水泥（不包括外掺混合材料）用量的比值。
2. 表中的最小水泥用量。对普通混凝土，包括外掺混合材料；对轻骨料混凝土，不包括外掺混合材料。当采用人工捣实混凝土时，水泥用量应增加 25kg/m³；当掺用外加剂且能有效地改善混凝土的和易性时，水泥用量可减少 25kg/m³。
3. 当混凝土强度等级低于 C10 时，可不受本表的限制。
4. 寒冷地区系指最冷月份平均气温在－5～1℃之间；严寒地区系指最冷月份平均气温低于－15℃。

3）确定水的用量。按骨料品种、规格及施工要求的坍落度值见表 2-2，参考表 2-3 选用每立方混凝土的用水量（m_w）。

表 2-2　　　　混凝土浇筑时的坍落度

结构种类	坍落度（mm）
基础或地面等的垫层、无配筋的大体积结构（挡土墙、基础等）或配筋稀疏的结构	10～30
板、梁和大型及中型截面的柱子等	30～50
配筋密列的结构（薄壁、斗仓、筒仓、细柱等）	50～70
配筋特密的结构	70～90

注 1. 本表系采用机械振捣混凝土时的坍落度，当采用人工捣实混凝土时其值可适当增大。
2. 当需要配制大坍落度混凝土时，应掺用外加剂。
3. 曲面或斜面结构混凝土的坍落度应根据实际需要另行选定。
4. 轻骨料混凝土的坍落度，宜比表中数值减少 10～20mm。

表 2-3　　　　混凝土用水量选用表　　　　(kg/m³)

所需坍落度（mm）	卵石最大粒径（mm）			碎石最大粒径（mm）		
	10	20	40	15	20	40
10～30	190	170	160	205	185	170
30～50	200	180	170	215	195	180
50～70	210	190	180	225	205	190
70～90	215	195	185	235	215	200

注 1. 本表用水量系采用中砂时的平均取值，如采用细砂，每立方米混凝土用水量可增加 5～10kg，采用粗砂可减少 5～10kg。
2. 掺用各种外加剂或混合料时，可相应增减用水量。
3. 混凝土的坍落度小于 10mm 时，用水量可按各地现有经验或经过试验取用。
4. 本表不适用于水灰比小于 0.4 或大于 0.8 的混凝土。

4）计算水泥用量。根据已确定的灰水比及用水量（m_w），可按式（2-5）计算水泥用量，即

$$m_{ce}=\frac{c}{w}m_{w} \tag{2-5}$$

由式（2-5）计算所得的水泥用量如小于规定的最小水泥用量，应按表 2-3 规定的最小水泥用量采用。混凝土最大水泥用量不宜大于 550kg/m^3。

5）确定砂率。砂率是砂子质量与砂石总重的百分值，可根据本单位对所用材料的使用经验选用合理的数值。如无使用经验，可按骨料品种、规格及水灰比值在表 2-4 所列的范围内选用。

表 2-4　　混凝土砂率选用表

水灰比	碎石最大粒径（mm）			卵石最大粒径（mm）		
	15	20	40	10	20	40
0.4	30～35	29～34	27～32	26～32	25～31	24～30
0.5	33～38	32～37	30～35	30～35	29～34	28～33
0.6	36～41	35～40	33～38	33～38	32～37	31～36
0.7	39～44	38～43	36～41	36～41	35～40	34～39

注　1. 表中数值系中砂的选用砂率，对粗砂或细砂，可相应地增加或减少砂率。
2. 本砂率表适用于坍落度为 10～60mm 的混凝土，坍落度如大于 60mm 或小于 10mm，应相应增加或减少砂率。
3. 只用一个单粒级粗骨料配制混凝土时，砂率值应适当增加。
4. 掺有各种外加剂或掺合料时，其合理砂率值应经试验或参照其他有关规定选用。
5. 配制大流动性泵送混凝土时，砂率宜提高至 40%～50%。

6）计算砂石用量。在已知砂率情况下，对粗、细骨料的用量可用体积法或质量法求得。

a）体积法。这是假定混凝土拌合物的体积等于各组成材料的绝对密实体积的总和，而各种材料的密实体积，为各该材料的质量（kg）除以它的密度。因此可使用以下两个关系，即

$$\frac{m_{ce}}{\rho_{ce}}+\frac{m_{a}}{\rho_{a}}+\frac{m_{s}}{\rho_{s}}+\frac{m_{w}}{\rho_{w}}+10\alpha=1000 \tag{2-6}$$

$$\frac{m_{s}}{m_{s}+m_{a}}\times 100\%=\beta_{s} \tag{2-7}$$

式中　m_{ce}——每立方米混凝土水泥用量，kg；

m_a——每立方米混凝土粗骨料用量，kg；

m_s——每立方米混凝土细骨料用量，kg；

m_w——每立方米混凝土用水量，kg；

ρ_{ce}——水泥密度，g/cm^3；

ρ_a——粗骨料表观密度，g/cm³；

ρ_s——细骨料表观密度，g/cm³；

ρ_w——水的密度，g/cm³；

α——混凝土含气量百分数，在不使用引气型外加剂时，$\alpha=1$，%；

β_s——砂率，%。

ρ_{ce}可取2.9～3.1g/cm³，$\rho_w=1$g/cm³，ρ_s及ρ_a应按JGJ 52—1992《普通混凝土用砂质量标准及检验方法》、JCJ 53—1992《普通混凝土用碎石或卵石质量标准及检验方法》所规定的方法测得。

b）质量法。这种方法是先假定一个混凝土拌合物密度值，再根据各材料之间的质量关系，计算各材料的用量。从而节省了体积法中把质量变成绝对体积和绝对体积变成质量的大量计算，从而使配合比的计算更加简便。

混凝土密度无积累资料时，可按混凝土强度小于或等于C10时计算密度为2360kg/m³、C5～C30时为2400kg/m³、大于C30时为2450kg/m³来选用。

用质量法计算时，则可使用以下两个关系式，即

$$m_{ce}+m_a+m_s+m_w=m_{cp} \tag{2-8}$$

$$\frac{m_s}{m_s+m_a}\times 100=\beta_s \tag{2-9}$$

式中　m_{cp}——每立方米混凝土拌合物假定质量，kg。

（2）混凝土拌合物的试配与调整。混凝土的理论配合比初步计算出来以后，还需进行试配进行调整。即在施工时所用的原材料拌合少量混凝土进行试验，以证明其和易性、坍落度、密度和强度是否符合要求。经过调整，适当增减用水量、水泥用量、砂率和水灰比，以确定施工配合比。

1）坍落度的调整。经试拌后，如坍落度小于要求，则可保持水灰比，适当增加水泥浆用量。一般增加10mm坍落度，约需增加水泥浆量1%～2%；如坍落度大于要求，若拌合物黏聚性不足，应适当增加砂子用量，若拌合物砂浆过多，应当适当减少砂子与水的用量。

配合比经调整后，应按调整后的配合比重新进行试拌，并做坍落度试验。如符合要求，则可作为提供检验混凝土强度用的基准配合比。

2）试配混凝土的强度检验及水灰比的调整。检验混凝土强度时至少应采用三个不同的配合比，其中一个为基准配合比，另外两个配合比的水灰比值，应较基准配合比分别增加及减少0.05。其中用水量应该与基准配合比相同，但对砂率值可做适当调整。

为检验混凝土强度，每种配合比应至少制作一组（三块）试块，标准养护28天试压。

有条件的单位亦可同时制作多组试块，供快速检验或较早龄期时试压，以便提前提出混凝土配合比供施工用。但以后仍以标准养护 28 天的检验结果为准来调整配合比。

制作混凝土强度试块时，尚需检验混凝土的坍落度、黏聚性、保水性及拌合物密度，并以此结果作为代表这一配合比的混凝土拌合物的性能。

3）配合比的确定。由试验得出的各水灰比值时的混凝土强度，用作图法或计算求出所要求的混凝土强度相对应的水灰比值，这样即初步定出混凝土所需的配合比。其值为：

用水量（m_w）——取基准配合比中的用水量值，并根据制作强度试块时测得的坍落度（或维勃稠度）值，加以适当调整。

水泥用量（m_{ce}）——取用水量乘以经验定出的、为达到混凝土强度所必需的水灰比值。

粗骨料（m_a）和细骨料（m_s）用量——取基准配合比中的粗、细滑料用量，并按定出的水灰比值做适当调整。

按上述各项定出的配合比算出混凝土的计算密度值为

$$\text{混凝土计算密度值} = m_w + m_{ce} + m_s + m_a \tag{2-10}$$

再将混凝土实测密度除以计算密度得出校正系数，即

$$\eta = \frac{\text{混凝土实测密度}}{\text{混凝土计算密度}} \tag{2-11}$$

将混凝土配合比中每项材料用量均乘以校正系数 η，即为最终确定的配合比设计值。

（3）配合比的计算实例。

【例】　某输电线路工程铁塔基础的钢筋混凝土，已知设计强度等级为 C20，使用材料为 425 号矿渣水泥、中砂（密度为 2.62g/cm^3），碎石最大粒径为 40mm（密度为 2.65g/cm^3），机械搅拌、振动器振捣，坍落度选定 30～50mm，试设计混凝土的配合比。

解：1）确定混凝土试配强度（按 $\sigma=4$）。计算式为

$$f_{cu,o} = f_{ce,k} + 1.645\sigma = 20 + 1.645 \times 4 = 26.58 \quad (\text{N/mm}^2)$$

2）计算水灰比。因采用骨料最大粒径为 40mm 碎石，由式（2-2）求得水灰比，先按式（2-4）求 f_{ce}，即

$$f_{ce} = \lambda_{ce} f_{ce,k} = 1.13 \times 42.5 = 48.025 \quad (\text{N/mm}^2)$$

$$\frac{c}{w} = \frac{f_{cu,o}}{0.46 f_{ce}} + 0.52 = \frac{26.58}{0.46 \times 48} + 0.52 = 1.7238$$

$$\frac{w}{c} = 0.58$$

3）选取每立方米混凝土的用水量。根据坍落度、骨料品种规格查表 2-3 得每立方米混凝

土用水量为

$$m_w = 180 kg/m^3$$

4）按式（2-5）计算每立方米混凝土的水泥用量为

$$m_{ce} = \frac{c}{w} m_w = 1.72 \times 180 = 310 \quad (kg)$$

查表 2-1 其计算值大于最小水泥用量，故 $m_{ce}=310kg$。

5）选取合理的砂率。根据水灰比、骨料品种和最大粒径，由表 2-4 查得砂率 $\beta_s=35\%$。

6）计算粗细骨料用量。先用体积法根据已知条件按式（2-6）和式（2-7）列出方程式为

$$\frac{310}{3.1} + \frac{m_a}{2.65} + \frac{m_s}{2.62} + 180 + 10 \times 1 = 1000$$

$$\frac{m_s}{m_s + m_a} \times 100\% = 35\%$$

解得：砂的质量 $m_s=656kg$；石子质量 $m_a=1219kg$。

由此得出每立方米混凝土中各材料用量为：

$$m_w = 180kg;\ m_{ce} = 310kg;\ m_s = 656kg;\ m_a = 1219kg$$

7）拌合物的试配调整。经试配得混凝土实测密度为 2410kg/m^3（计算密度为 2365kg/m^2），故校正系数 $\eta=2410/2365=1.02$。

由此得每立方米混凝土材料用量为：

$$m_w = 183kg;\quad m_{ce} = 316kg;\ m_s = 669kg;\ m_a = 1243kg$$

2.8 钢筋与混凝土

一、钢筋

在工程中采用的钢筋，一般分为热轧钢筋、冷拉钢筋和钢丝三大类。在钢筋混凝土结构中，采用的是碳素钢或低合金钢轧制的热轧钢筋，以及热轧钢筋经过加工的冷拉钢筋，钢丝一般是用在预应力混凝土结构中。对钢筋混凝土中钢筋的主要要求是：有较高的强度，以减少用钢量；有较好的塑性，开裂前有较大伸长率，构件不会突然脆性断裂。与混凝土有良好的黏结力，使钢筋充分发挥作用，减少构件裂缝，并有较好的可焊性。工程中使用的钢材种类要符合设计图纸的规定，并经出厂检验证明其质量符合该类钢材国家标准中的有关规定。

热轧钢筋按其强度分Ⅰ、Ⅱ、Ⅲ、Ⅳ四级。Ⅰ级为热轧光面钢筋，钢种是 3 号低碳钢；

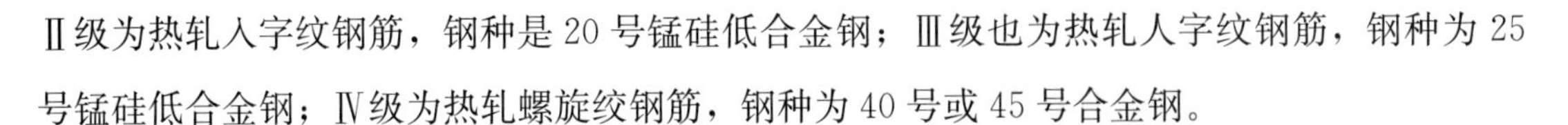

Ⅱ级为热轧人字纹钢筋，钢种是 20 号锰硅低合金钢；Ⅲ级也为热轧人字纹钢筋，钢种为 25 号锰硅低合金钢；Ⅳ级为热轧螺旋绞钢筋，钢种为 40 号或 45 号合金钢。

钢筋在常温情况下，按规定预先拉长一定的数值。经过这样的冷拉以后，可以提高钢筋的屈服极限，更充分地利用钢材的抗拉强度，同时还能收到钢筋调直与除锈的效果，并能节省钢材 10%～20%。

钢材的品种繁多，用于混凝土结构的钢材通常指各种规格的钢筋、钢丝等。建筑材料的力学性能主要有抗拉、冷弯、冲击韧性和硬度等。

（1）抗拉性能。这是建筑钢材的重要性能。由抗拉力试验所得的屈服点、抗拉强度和伸长率是钢材的重要指标，尤其伸长率表明钢材的塑性变形能力，是钢材的重要技术指标。

（2）冷弯性能。它是指钢材在常温下承受弯曲变形的能力，是建筑钢材的重要工艺性能。冷弯试验是一种比较严格的检验，能揭示钢材是否存在内部组织不均匀、内应力和夹杂物等缺陷；同时对焊接质量也是一种严格的检验，能揭示焊件在受弯表面存在的未熔合、微裂纹和夹杂物。

（3）冲击韧性和硬度等指标，一般情况下不做检验，这里省略介绍。

二、钢筋和混凝土的结合

钢筋混凝土是将混凝土和钢筋这两种力学性质不同的材料，按一定的方式结合起来而组成的。混凝土主要用来承受压力，钢筋主要用来承受拉力，充分利用两种材料的优点，使构件具有理想的承载能力。同时利用混凝土的黏着力将钢筋紧密地包住，可以防止钢筋的锈蚀，从而保证钢筋混凝土具有良好的耐久性。

在钢筋混凝土中，钢筋和混凝土之所以能共同工作，首先是因为混凝土凝结时与钢筋牢固地黏结成一个坚强的整体，承受荷载时，钢筋和混凝土具有同样的变形，没有相对滑移。其次是钢筋和混凝土的温度膨胀系数几乎相等（钢是 0.000012，混凝土是 0.00001～0.00014），因而温度变化不会破坏钢筋混凝土构件内的整体性。

黏结力是钢筋和混凝土共同工作的基础。对黏结力有影响的主要因素有：混凝土的强度越高，黏结力越大；钢筋表面粗糙程度大的黏结力大；同样钢筋截面积，如选用直径小，根数多的，因其表面积大，所以黏结力越大；光面钢筋两端弯成半圆钩形，也可增加黏结力。

各种材料的检测项目及质量要求见附录 A。

第3章

材料检验的基本知识

建筑材料使用前应进行检验。检验是一种传统的质量管理方法，即用一定的方法和手段测定产品的质量特性，并将测得的结果同该特性规定的要求相比较，从而判断产品的合格或不合格。

检验是保证材质质量的一项重要工作。通过检验挑出不合格品把住质量关，以免不合格的建筑材料流入工程使用。它起到保证、预防、报告的作用。

3.1 材料检验的分类

检验的分类方法很多，常见的几种检验方法如下；

（1）按检验材料的数量分类。

1）全数检验。指对批中的全部材料进行的检验。

2）抽样检验。指从批中抽取部分材料进行的检验。

3）审核检验。即随机抽取极少数样品进行的复查性检验。

（2）按检验的目的分类。

1）控制检验。为了工序控制而进行的检验。

2）接收检验。为了接收外购材料而进行的检验，通过检验是否接收。

（3）按工程施工流程分类。可分为：

1）进货检验。

2）工序检验。

3）最终（成品）检验。

输变电工程土建所使用的建筑钢材的检验，采用以上其中一种或两种检验方式。如进货前采用审核检验，看一看该材料是否满足设计要求，确定合格供应方。进货后，进行接收检验，一般采用抽样检验方式。在使用过程中，按批量大小进行抽样检验，以达到把住材料质量关的目的，这也是一种控制检验。实际上采取两种或以上的检验方式进行检验，只是分类方法不同。

3.2 抽 样 检 验

电力工程使用的砂子要求不得使用海沙，是天然的；石子则是天然石材经过碾碎面成；由工厂生产出来的水泥和钢材，都是散体物料。采用全数检验是不切合实际或不可能的，因此只能采用抽样检验的方法。但应用抽样检验必须具备一定的条件，例如产品能构成批量、样本能够随机抽样。这就要求我们随机抽样的样本要有足够的代表性。对于钢材，每一批都是在相同的条件下生产出来的，样本的代表性不成问题。对于水泥和石子，是采用天然材料经过加工而生产出来的，由于天然的材质分散性和不均匀性，使每批水泥或石子都存在着一定的不均匀性，因此取样的方法特别重要并有严格要求。砂子和混凝土拌合物的抽样也存在着同样的问题。对于这些材料的取样方法在下一章详细介绍。

抽样检验存在着生产者（供方）风险和消费者（需方）风险问题，抽样数量大小和判断基准，决定了是否能满足供、需方的要求。也就是抽取样品的数量不能过大也不能过小。它由抽样方案来决定。抽样方案一经决定，抽样数量就不能随意更改，必须严格执行。在现行的水泥、钢材、砂、石等四种材料的国家（或部颁）标准中，抽样方案已定，故对每批量抽样数量均已作明确的规定。例如钢材每 60t 作为一个验收批，每批抽取 2 根样品作为力学性能检验（这是一个一次抽样方案）。我们在实际工作中，如果不按照每批量抽样检验，就会增加需方的风险，或者让不合格的材料批流入工程使用。

GB 50233—2014《110kV～750kV 架空输电线路施工及验收规范》中对混凝土试块制作数量的规定，是在大量的实践经验中总结出来的成熟的抽样方案。当然这种抽样方案只能算旧式抽样检验。

第4章

常用建筑材料的取样数量及方法

输变电工程土建使用的建筑材料取样数量见附录A，上文已提到标准规定的抽样数量是根据抽样检验方案经过科学计算得出的，因而具有强制性。各种常用材料的取样规则介绍如下。

4.1 水泥的取样规则

这里重点介绍袋装水泥的取样方法。对于同一水泥厂生产的同期出厂的同品种同标号的水泥，以一次进厂（场）的同一出厂编号为一批，且一批的总量不超过400t。取样应有代表性。可连续取，也可以20个以上不同部位取等量样品，总数不得少于12kg。也就是说，每次取样应是从同一出厂编号、同品种、同标号的水泥中抽取。在这“三同”的情况下，每进400t水泥应作为一个验收批，应抽一次样，不足400t也作一个验收批。

实验室按照国标规定进行检验时，将水泥试验来样等分为两份。一份用于检验，另一份密封保存3个月，以备有疑问时用于复检。

4.2 砂的取样规则

(1) 每验收批取样方法应按下列规定执行。在料堆上取样时，取样部位应均匀分布。取样前先将取样部位表层铲除，然后由各部位抽取大致相等的砂共8份，组成一组样品。

从火车、汽车、货船上取样时，从不同部位和深度抽取大致相等的砂8份，组成一组样品。

(2) 若检验不合格，应重新取样。对不合格项进行加倍复验，若仍有一个试样不能满足标准要求，应按不合格品处理。

应注意，如经观察认为各节车皮间（汽车、货船间）所载的砂质量相差甚为悬殊，则应对质量有怀疑的每节列车（汽车、货船间）分别取样和验收。

(3) 每组样品的取样数量。对每一单项试验，应不小于表4-1所规定的最少取样数量；

需做几项试验时，如确能保证样品经一项试验后不致影响另一项试验的结果，可用同组样品进行几项不同的试验。

(4) 每组样品应妥善包装，避免细料散失及防止污染。并附样品卡片，标明样品的编号、取样时间、代表数量、产地、样品数量、要求检验项目及取样方式等。

表 4-1　　第一试验项目所需砂的最少取样数量

试验项目	最少取样数量（g）
筛分析	4400
表观密度	2600
吸水率	4000
紧密密度和堆积密度	5000
含水率	1000
含泥率	4400
泥块含量	10000
有机质含量	2000
云母含量	600
轻物质含量	3200
坚固性	分成 5.00～2.50、2.50～1.25、1.25～0.630、0.630～0.315mm 四个粒级，各需 100g
硫化物及硫酸盐含量	50
氯离子含量	2000
咸活性	7500

为便于操作，实验室规定送检的砂样品数量，每组不少于 35kg。样品送到实验室后再由检测员进行样品缩分才能做试验。

4.3　石子的取样规则

(1) 每验收批的取样应按下列规定进行。在料堆上取样时，取样部位应均匀分布。取样前先将取样部位表面铲除，然后由各部位抽取大致相等的石子 15 份（在料堆的顶部、中部和底部各由均匀分布的 5 个不同部位取得）组成一组样品。

从火车、汽车、货船上取样时，应从不同部位和深度抽取大致相同的石子 16 份，组成一组样品。

如经观察认为各节车皮间（车辆间、船只间）材料质量相差甚为悬殊，则应对质量怀疑的每节车皮（车辆、船只）分别取样和验收。

(2) 若检验不合格，应重新取样，对不合格项进行加倍复验。若仍有一个试样不能满足标准要求，应按不合格品处理。

(3) 每组样品的取样数量，对每单项试验，应不小于表4-2所规定的最少取样数量。需做几项试验时，如确能保证样品经一项试验后不致影响另一项试验的结果，也可用同一组样品进行几项不同的试验（实验室规定按表4-2所列的合计总重送检）。

(4) 每组样品应妥善包装，以避免细料散失及遭受污染。并应附有卡片标明样品名称、编号、取样的时间、产地、规格、样品所代表的验收批的质量或体积、要求检验的项目及取样方法等。

样品送到实验室后再由检测员缩分才能做试验。

表4-2　　每一试验项目所需碎石或卵石的最少取样数量　　(kg)

试验项目	最大粒径（mm）							
	10	16	20	25	31.5	40	63	80
筛分析	10	15	20	20	30	40	60	80
表观密度	8	8	8	8	12	16	24	24
含水率	2	2	2	2	3	3	4	4
吸水率	8	8	16	16	16	24	24	32
紧密密度和堆积密度	40	40	40	40	80	80	120	120
含泥量	8	8	24	24	40	40	80	80
泥块含量	8	8	24	24	40	40	80	80
针、片状含量	1.2	4	8	8	20	40	—	—
硫化物、硫酸盐	1.0							

注　有机物含量、坚固性、压碎指标值及碱集料反应检验，应按试验要求的粒级及数量取样。

4.4　钢材的取样规则

这里列出的是热轧光圆钢筋和热轨带肋钢筋的取样规则。

每批应由同一牌号、同一炉罐号、同一规格、同一交货状态的钢筋组成。每批质量不大于60t。拉伸、弯曲试验取2根，化学成分试验取1根。取样方法为任选两条钢筋切取。

4.5　混凝土拌合物的取样规则

一、水灰比与坍落度试验

混凝土中水的质量与水泥质量的比例叫水灰比，水灰比的大小对混凝土强度影响很大。

混凝土中水灰比小，则混凝土强度高；水灰比大，则混凝土强度低。这是因为在混凝土中，用来与水泥起化学作用的水，只占用水量的10%～30%，其余大部分水分在硬化过程中逐渐蒸发，并在混凝土中留下气孔，使混凝土强度降低。但是如果水灰比很小，也就是用水量很少，则拌出的混凝土骨料很干，和易性差，施工很困难，容易使混凝土产生蜂窝、麻面，甚至造成空洞。为了使混凝土的水灰比合适，通常用坍落度来测定混凝土拌和的稠度。水灰比的倒数称为灰水比。

混凝土拌合物试验用料，应从同一盘搅拌机口或同一运输车的卸料处取样（人工搅拌的应待搅拌均匀再取样）。所取的样应是随机抽样并有代表性，拌合物取样后应尽快进行试验。试验前应经人工略加翻拌，以保证其质量均匀。

施工现场以坍落度测试来检查混凝土拌合物质量，为了试验准确，一般每一工作班至少进行两次测试，每次测试取三组的取平均值。

测坍落度的方法是用一块白铁皮做成一个锥形筒，见图4-1。锥形筒上口直径为10cm，底口直径为20cm，高30cm，将筒放在铁板上，把拌和好的混凝土分三次灌进筒内，每次放入筒高1/3。每次放入后都用铁棒（直径为16mm，长600m，端部应磨圆）捣固水25次，末了使混凝土与筒口相平，再把锥形筒轻轻提起拿开。这时混凝土就自然地坍下来，低了一截，量测筒高与坍落后混凝土试件体最高点之间的高度差，即为该混凝土拌合物的坍落度值。

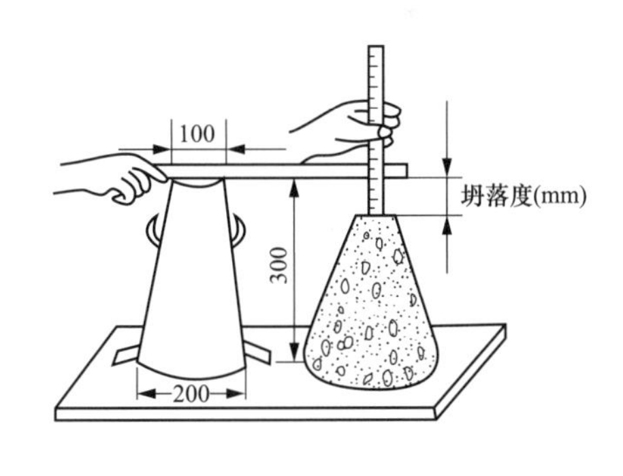

图4-1　混凝土混合物坍落度的测定

坍落度试验操作，应按下列步骤进行：

（1）湿润坍落度筒及其他用具，并把筒放在不吸水的刚性水平底板上，然后用脚踩住两边的脚踏板，使坍落度筒在装料时保持位置固定。

（2）按要求取得的混凝土试样用小铲分三层均匀地装入筒内，使捣实后每层高度为筒高的三分之一左右。每层用捣棒插捣 25 次。插捣应沿螺旋方向由外向中心进行，各次插捣应在截面上均匀分布。插捣筒边混凝土时，插捣可以稍稍倾斜。插捣底层时捣棒应贯穿整个深度，插捣第二层和顶层时，捣棒应插透本层至下一层的表面。

浇灌顶层时混凝土应灌到高出筒口。插捣过程中，如混凝土沉落到低于筒口，则应随时添加。顶层插捣完后，刮去多余的混凝土，并用抹刀抹平。

（3）清除筒边底板上混凝土后，垂直平稳地提起坍落度筒。坍落度筒的提离过程应在 5～10s 内完成。

从开始装料到提坍落度筒的整个过程应不间断进行，并应在 50s 内完成。

（4）提起坍落度筒后，若该混凝土发生崩坍或一边剪坏现象，则应重新取样另行测定。如第二次试验仍出现上述现象，则表示该混凝土和易性不好，应予记录备查。

（5）观测坍落后的混凝土试体的黏聚性及保水性。黏聚性的检查方法是用捣棒在已坍落的混凝土锥体侧面轻轻敲打。此时，如果锥体逐渐下沉，则表示粘聚性良好；如果锥体倒塌，部分崩裂出现离析现象，则表示粘聚性不好。

保水性以混凝土拌合物中稀浆析出的程度来评定。坍落度筒提起后如有较多的稀浆从底部析出，锥体部分的混凝土也因失浆而骨料外露，则表明此混凝土拌合物的保水性能不好。如坍落度筒提起后无稀浆或仅有少量稀浆自底部析出，则表示此混凝土拌合物保水性良好。

混凝土拌合物坍落度以毫米为单位，结果表达精确至 5mm。

二、试块制作材料取样

取样方法与坍落试验的相同。取样数量按 GB 50204—2015《混凝土结构工程质量验收规范》中的规定。

用于检查结构构件混凝土质量的试件，应在混凝土的浇筑地点随机取样制作。试件的留置应符合下列规定：

（1）每拌制 100 盘且不超过 $100m^2$ 的同配合比的混凝土，其取样不得小于一次。

（2）每工作班拌制的同配合比的混凝土不足 100 盘时，其取样不得小于一次。

（3）对现浇混凝土结构，其试件的留置尚应符合以下要求。

1）每一现浇楼层同配合比的混凝土，其取样不得少于一次。

2）同一单位工程每一验收项目中同配合比的混凝土，其取样不得少于一次。

每次取样应至少留置一组标准试件，同条件养护试件的留置组数，可根据实际需要确定。

应注意，预拌混凝土除应在预拌混凝土厂内按规定留置试件外，混凝土运到施工现场后，尚应按本条的规定留置试件。

每组三个试件应在同盘混凝土中取样制作，并按下列规定确定该组试件的混凝土强度代表值：

（1）取三个试件强度的平均值。

（2）当三个试件强度中的最大值或最小值之一与中间值之差超过中间值的 15%时，取中间值。

（3）当三个试件强度中的最大值和最小值与中间值之差均超过中间值的 15%时，该组试件不应作为强度评定的依据。

GB 5023—2005《110～500kV 架空送电线路施工及验收规范》中，混凝土浇筑质量检查应符合下列规定：

（1）坍落度每班日或每个基础腿应检查两次及以上。其数值不得大于配合比设计的规定值，并严格控制水灰比。

（2）配比材料用量每班日或每基础应至少检查两次，其偏差应控制在施工措施规定的范围内。

（3）混凝土的强度检查，应以试块为依据。试块的制作应符合下列规定：

1）试块应在浇筑现场制作，其养护条件应与基础基本相同。

2）试块制作数量应符合下列规定。

a）转角、耐张、终端、换位塔及直线转角塔基础每基应取一组。

b）一般直线塔基础，同一施工队每 5 基或不满 5 基应取一组，单基或连续浇筑混凝土量超过 $100m^2$ 时也应取一组。

c）按大跨越设计的直线塔基础及拉线基础，每腿应取一组。但当基础混凝土量不超过同工程中大转角或终端塔基础时，则应每基取一组。

d）当原材料变化、配合比变更时应另外制作。

e）当需要做其他强度鉴定时，外加试块的组数由各工程自定。

三、试块的制作方法

制作试件前应将试模清擦干净并在其内壁涂上一层矿物油脂或其他膜剂。混凝土拌合物应分两层装入试模，每层的装料厚度大致相等。插捣用的钢制捣棒长为 600mm、直径为 16mm，端部应磨圆。插捣应按螺旋方向从边缘向中心均匀进行。插捣底层时，捣棒应达到试模表面；插捣上层时，捣棒应穿入下层深度为 20～30mm。插捣时捣棒应保持垂直，不得倾斜。同时，还应用抹刀沿试模内壁插入数次。每层的插捣次数应根据试件的截面而定，一般每 100cm^2 截面积不应少于 12 次。插捣完后，刮除多余的混凝土，并用抹刀抹平。

四、试块的养护

用于检验现浇混凝土工程或预制构件中混凝土强度时，试件应采用同条件养护。试件一般养护到 28 天龄期（由成型时算起）进行试验。但也可以按要求（如需确定拆模、起吊、施工预应力或承受施工荷载等时的力学性能）养护到所需的龄期。

现场浇筑基础混凝土的最终强度应以同条件养护的试块强度为依据。

第5章

常用建筑材料的技术质量要求

5.1 水泥的技术要求

一、不溶物

（1）Ⅰ型硅酸盐水泥中不溶物不得超过0.75%。

（2）Ⅱ型硅酸盐水泥中不溶物不得超过1.50%。

二、氧化镁

水泥中氧化镁的含量不得超过5.0%。如果水泥经压蒸安定性试验合格，则水泥中氧化镁含量允许放宽到6.0%。

三、三氧化硫

水泥中三氧化硫的含量不得超过3.50%。

四、烧失量

（1）Ⅰ型硅酸盐水泥中的烧失量不得大于3.0%。

（2）Ⅱ型硅酸盐水泥中的烧失量不得大于3.5%。

（3）普通水泥中的烧失量不得大于5.0%。

五、细度

硅酸盐水泥比表面积应大于300m^2/kg。

六、凝结时间

（1）硅酸盐水泥初凝不得早于45min，终凝不得迟于390min。

（2）普通水泥初凝不得早于45min，终凝不得迟于10h。

七、安定性

用沸煮法检验必须合格。

八、强度

水泥标号按规定龄期的抗压强度和抗折强度来划分，各标号水泥的各龄期强度不得低于表 5-1 所规定的数值。

表 5-1　　水泥的龄期对应强度表　　（MPa）

品种	标号	抗压强度		抗折强度	
		3d	28d	3d	28d
硅酸盐水泥	425R	22.0	42.5	4.0	6.5
	525	23.0	52.5	4.0	7.0
	525R	27.0	52.5	5.0	7.0
	625	28.0	62.5	5.0	8.0
	625R	32.0	62.5	5.5	8.0
	725R	37.0	72.5	6.0	8.5
普通水泥	325	12.0	32.5	2.5	5.5
	425	16.0	42.5	3.5	6.5
	425R	21.0	42.5	4.0	6.5
	525	22.0	52.5	4.0	7.0
	525R	26.0	52.5	5.0	7.0
	625	27.0	62.5	5.0	8.0
	625R	31.0	62.5	5.0	8.0

九、碱

水泥中碱含量用 $Na_2O+0.658K_2O$ 计算值来表示。若使用活性骨料，用户要求提供低碱水泥时，水泥中碱含量不得大于 0.60%，或由供需双方商定。

5.2　砂的质量要求

（1）砂的粗细程度按细度模数 μ 分为粗、中、细三级，其范围应符合如下规定：

细砂：$\mu=1.6\sim2.2$；

中砂：$\mu=2.3\sim3.0$；

粗砂：$\mu=3.1\sim3.7$。

（2）砂按 0.63mm 筛孔的累计筛余量（以质量百分率计），分成三个级配区（见表 5-2）。砂的颗粒级配应处于表 5-2 中的任何一个区以内。

表 5-2　　砂颗粒级配区

筛孔尺寸（mm）	累计筛余（%）		
	Ⅰ区	Ⅱ区	Ⅲ区
10.0	0	0	0
5.0	10～0	10～0	10～0
2.5	35～5	25～0	15～0
1.3	65～35	50～10	25～0
0.6	85～71	70～41	40～16
0.3	95～80	92～70	85～55
0.2	100～90	100～90	100～90

砂的实际颗粒级配与表 5-2 中所列的累计筛余百分率相比，除 5.00mm 和 0.63mm（表 5-2 中横线所标数值）外，允许稍有超出分界线但其总量百分率不应大于 5%。

配制混凝土时宜优先选用Ⅱ区砂。当采用Ⅰ区砂时，应提高砂率，并保持足够的水泥用量，以满足混凝土的和易性；当采用Ⅲ区砂时，宜适当降低砂率，以保证混凝土强度。

对于泵送混凝土用砂，宜选用中砂。

当砂颗粒级配不符合要求时，应采取相应措施，经试验证明能确保工程质量，方允许使用。

（3）砂中含泥量应符合表 5-3 的规定。

表 5-3　　砂中含泥量限值

混凝土强度等级	大于或等于 C30	小于 C30
含泥量（按质量计，%）	≤3.0	≤5.0

对有抗冻、抗渗或其他特殊要求的混凝土用砂，含泥量应不大于 3.0%。

对于 C10 及 C10 以下的混凝土用砂，根据水泥标号，其含泥量可予以放宽。

（4）砂中的泥块含量应符合表 5-4 的规定。

表 5-4　　砂中含泥量限值

混凝土强度等级	大于或等于 C30	小于 C30
含泥量（按质量计，%）	≤1.0	≤2.0

对于有抗冻、抗渗或其他特殊要求的混凝土用砂，含泥量应不大于 1.0%。

对于 C10 及 C10 以下的混凝土用砂，根据水泥标号，其泥块含量可予以放宽。

（5）砂的坚固性用硫酸钠溶液检验，试样经 5 次循环后其质量损失应符合表 5-5 的规定。

表 5-5　　砂的坚固性指标

混凝土所处的环境条件	循环后的质量损失（%）
在严寒及寒冷地区室外使用并经常处于潮湿或干湿交替状态下的混凝土	≤8
其他条件下使用的混凝土	≤10

对于抗疲劳、耐磨、抗冲击要求的混凝土用砂或有腐蚀介质作用或经常处于水位变化区的地下结构混凝土用砂，其坚固性质量损失率应小于8%。

(6) 砂中如含有云母、轻物质、有机物、硫化物及硫酸盐等有害物质，其含量应符合表5-6的规定。

表5-6　　砂中的有害物质限值

项目	质量指标
云母含量（按质量计,%）	≤2
轻物质含量（按质量计,%）	≤1
硫化物及硫酸盐含量（折算成SO按质量计,%）	≤1
有机物含量（用比色法试验）	颜色不应深于标准色，如深于标准色，则应按水泥胶砂强度试验方法进行强度对比试验，抗压强度比不应低于0.95

有抗冻、抗渗要求的混凝土，砂中云母含量不应大于1%。

砂中如发现含有颗粒状的硫酸盐或硫化物杂质，则要进行专门检验，确认能满足混凝土耐久性要求时，方能采用。

(7) 对重要工程混凝土使用的砂，应采用化学法和砂浆长度法进行集料的碱活性检验。经上述检验判断为有潜在危害时，应采取下列措施：

1) 使用含碱量小于0.6%的水泥或采用能抑制碱-集料反应的掺合料。

2) 当使用含钾、钠离子的外加剂时，必须进行专门试验。

(8) 采用海砂配制混凝土时，其氯离子含量应符合下列规定。

1) 对素混凝土，海砂中氯离子含量不予限制。

2) 对钢筋混凝土，海砂中氯离子含量不应大于0.06%（以干砂重的百分率计）。

3) 对预应力混凝土不宜用海砂。若必须使用海砂，则应经淡水冲洗，其氯离子含量不得大于0.02%。

5.3　石的质量要求

(1) 碎石或卵石的颗粒级配，应符合表5-7的要求。单粒级宜用于组合成具有要求级配的连续粒级，也可以与连续粒级混合使用，以改善其级配或成较大粒度的连续粒级。不宜用单一的单粒级配制混凝土。如必须单独使用，则应作技术经济分析，并应通过试验证明不会发生离析或影响混凝土的质量。

颗粒级配不符合表5-7的要求时，应采取措施并经试验证实能确保工程质量，方允许使用。

表 5-7　碎石或卵石的颗粒级配范围

级配情况	公称粒级（mm）	累计筛余（按质量计，%）											
		筛孔尺寸（圆孔筛，mm）											
		2.5	5	10.0	16	20	25	31.5	40	50	63	80	100
连续粒级	5～10	95～100	80～100	0～100	0	—	—	—	—	—	—	—	—
	5～16	95～100	90～100	30～100	0～10	0	—	—	—	—	—	—	—
	5～20	95～100	90～100	40～100	—	0～10	0	—	—	—	—	—	—
	5～25	95～100	90～100	—	30～70	—	0～5	0	—	—	—	—	—
	5～31.5	95～100	90～100	70～90	—	15～45	—	0～5	0	—	—	—	—
	5～40	—	95～100	75～90	—	30～65	—	—	0～5	0	—	—	—
单粒级	10～20	—	95～100	85～100	—	0～15	0	—	—	—	—	—	—
	16～31.5	—	95～100	—	85～100	—	—	0～10	0	—	—	—	—
	20～40	—	—	95～100	—	80～100	—	—	0～10	0	—	—	—
	31.5～63	—	—	—	95～100	—	—	75～100	45～75	—	0～10	0	—
	40～80	—	—	—	—	95～100	—	—	70～100	—	30～60	0～10	0

（2）矿石或卵石中针、片状颗粒含量应符合表5-8的规定。

表5-8　　针、片状颗粒含量

混凝土强度等级	大于或等于C30	小于C30
针、片状颗粒含量（按质量计,%）	≤15	≤25

小于或等于C10级的混凝土，其针、片状颗粒含量可放宽到40%。

（3）碎石或卵石中的含泥量应符合表5-9的规定。

表5-9　　碎石或卵石中的含泥量

混凝土强度等级	大于或等于C30	小于C30
含泥量（按质量计,%）	≤1.0	≤2.0

对有抗冻、抗渗或其他特殊要求的混凝土，其所用碎石或卵石的含量不应大于1.0%。如含泥基本上是非黏土质的石粉，则含泥量可由1.0%、2.0%，分别提高到1.5%、3.0%；小于或等于C10级的混凝土用碎石或卵石，其含泥量可放宽到2.5%。

（4）碎石或卵石中的泥块含量应符合表5-10的规定。

表5-10　　碎石或卵石中的泥块含量

混凝土强度等级	大于或等于C30	小于C30
泥块含量（按质量计,%）	≤0.5	≤0.7

有抗冻、抗渗和其他特殊要求的混凝土，其所用碎石或卵石的泥块含量应不大于0.5%。

（5）碎石的强度可用岩石的抗压强度和压碎指标值表示。岩石强度首先应由生产单位提供，工程中可采用压碎指标值进行质量控制，碎石的压碎指标值宜符合表5-11的规定。混凝土强度等级为C60及以上时应进行岩石抗压强度检验，其他情况下如有怀疑或认为有必要时也可进行岩石的抗压强度检验。岩石的抗压强度与混凝土强度等级之比不应小于1.5，且火成岩强度不宜低于80MPa，水成岩不宜低于30MPa。

表5-11　　碎石压碎指标值

岩石品种	混凝土强度等级	碎石压碎指标值（%）
水成岩	C55～C40 ≤C35	≤10 ≤16
变质岩或深成的为成岩	C55～C40 ≤C25	≤12 ≤20

续表

岩石品种	混凝土强度等级	碎石压碎指标值（%）
火成岩	C55～C40 ≤C35	≤13 ≤30

注　水成岩包括石灰岩、砂岩等。变质岩包括片麻岩、石英岩等。深成的火成岩包括花岗岩、正长岩、闪长岩和橄榄岩等。喷出的为成岩包括玄武岩和辉绿岩等。

卵石的强度用压碎指标值表示。其压碎指标值宜按表 5-12 的规定采用。

表 5-12　　卵石的压碎指标值

混凝土强度等级	C55～C40	≤C35
压碎指标值（%）	≤12	≤16

（6）碎石和卵石的坚固性用硫酸钠溶液法检验，试样经 5 次循环后，其质量损失应符合表 5-13 的规定。

有腐蚀性介质作用或经常处于水位变化区的地下结构或有抗疲劳、耐磨、抗冲击等要求的混凝土用碎石或卵石，其质量损失应不大于 8%。

表 5-13　　碎石或卵石的坚固性指标

混凝土所处的环境条件	循环后的质量损失（%）
在严寒及寒冷地区室外使用， 并经常处于潮湿或干湿交替状态下的混凝土	≤8
在其他条件下使用的混凝土	≤12

（7）碎石或卵石中的硫化物和硫酸盐含量，以及卵石中有机杂质等有害物质含量应符合表 5-14 的规定。

表 5-14　　碎石或卵石中的有害物质限值

项目	质量指标
硫化物及硫酸盐含量 （折算成 SO，按质量计%）	≤1.0
卵石中有机质含量（用比色法试验）	颜色不应深于标准色，如深于标准色，则应配制成混凝土进行强度对比试验。抗压强度比不应低于 0.95

如发现有颗粒状硫酸盐或化合物杂质的碎石或卵石，则要求进行专门检验，确认能满足混凝土耐久性要求时方可采用。

（8）对重要工程的混凝土所使用的碎石或卵石应进行碱活性检验。进行碱活性检验时，首先采用岩相法检验碱活性集料的品种、类型和数量（也可由地质部门提供）。若集料中含有活性二氯化硅，应采用化学法和砂浆长度法进行检验；若含有活性碳酸盐集料，应采用岩石柱法进行检验。

经上述检验，集料判定为有潜在危害时，属碱-碳酸盐反应的，不宜作为混凝土集料。如必须使用，应以专门的混凝土试验结果做出最后评定。

潜在危害属碱-硅反应的，应遵守以下规定方可使用：

1）使用含碱量小于0.6%的水泥或采用能抑制碱-集料反应的掺全料。

2）当使用含钾、钠离子的混凝土外加剂时，必须进行专门试验。

附录A　常用建筑材料检验基本项目与要求

检验类别	必须检验项目	其他检验项目	检验目的	取样地点	取样	质量标准	备注
水泥	1. 安定性 2. 凝结时间 3. 强度 4. 标准稠度用水量	1. 细度 2. 碱 3. 不溶物 4. 氧化镁 5. 二氧化硫 6. 浇失量	1. 进场水泥质量复验 2. 水泥过期或受潮时，检验其剩余活性	1. 现场水泥库 2. 散装水泥在散装容器或输送设备中取样	1. 同品种、同标号、同编号的水泥每 400t 为一批，不足者也为一批； 2. 取样应有代表性，可连续取，亦可以从 20 个以上不同部位等量取样，总量至少 12kg	GB/T 1346—2011 GB/T 1345—2005 GB/T 208—2014 GB/T 17671—1999 GB/T 2419—2005 GB/T 12573—2008 GB/T 8074—2008	
砂	1. 颗粒级配 2. 含泥量 3. 泥块含量	1. 密度 2. 含水量 3. 吸水率 4. 有害物质含量(云母、有机物、轻物质、硫酸盐、硫化物) 5. 坚固性 6. 氯离子 7. 碱活性	进场砂料质量检验	1. 现场砂料堆 2. 车、船皮带运输机等运输工具中取样	1. 按同产地、同规格分批验收； 2. 用大型工具(如火车、货船、汽车)运输的，以 400m^2 或 600t 为一验收批；用小型工具(如马车等)运输的，以 200m^2 或 300t 为一验收批；不足上述数量者以一批论； 3. 取样方法和取样数量应执行 JGJ 52—92 中有关条文	JGJ 52—206	1. 若为海砂，氯离子含量为必检项目； 2. 当质量比较稳定进料量又较大时，可定期检验； 3. 使用新产源的砂时，要进行全面质量检验
碎石或卵石	1. 颗粒级配 2. 含泥量 3. 泥块含量 4. 针片状颗粒含量	1. 密度 2. 含水量 3. 吸水率 4. 坚固性 5. 压碎指标 6. 有害物质含量 7. 碱活性	现场石子质量复检	1. 现场石子料堆 2. 车、船皮带运输机等运输工具中取样	1. 按同产地、同规格分批验收； 2. 用大型工具(如火车、货船、汽车)运输的，以 400m^2 或 600t 为一验收批；用小型工具(如马车等)运输的，以 200m^2 或 300t 为一验收批；不足上述数量者以一批论； 3. 取样方法和取样数量应执行 JGJ 52—92 中有关条文	JGJ 52—206	1. 当质量比较稳定、进料量又较大时，可定期检验； 2. 使用新产源的石子时，要进行全面质量检验

续表

检验类别	必须检验项目	其他检验项目	检验目的	取样地点	取样	质量标准	备注
新拌混凝土	1. 坍落度（或维勃稠度） 2. 物理 3. 力学 4. 耐久性	1. 容重 2. 含气量 3. 凝结时间 4. 均匀性 5. 混凝土温度	1. 检查混凝土的和易性 2. 及时调整配合比	搅拌地点及浇筑地点	符合 GBJ 55—2011 中的规定	GB/T 50080—2016 GB/T 50081—2019 GB/T 50082—2009 GB 50204—2015	1. 符合配合比设计要求； 2. 坍落度允许偏差； ≤40mm,±10mm 50～90mm,±20mm ≥100mm,±30mm
热轧带助钢筋	1. 外观检查 2. 力学性能：屈服点、抗拉强度、伸长率 3. 工艺性能：冷弯	1. 力学性能：屈服强度、弹性模量 2. 工艺性能：反向弯曲 3. 化学成分分析	检验钢筋质量	现场钢筋仓库、堆场	1. 热扎钢筋以同一牌号、同一炉罐号、同一规格、同一交货状态，质量 60t 为一批，不足者也为一批； 2. 冷拉钢盘以同级别、同直径，质量 20t 为一批； 3. 拉伸试样 2 根、冷弯试样 2 根、反向弯曲 1 根、化学分析 1 根	GB/T 228.1—2010 GB/T 232—2010 GB/T 28900—2012 GB 50204—2015 YB/T 5126—2003 GB/T 1499.2—2018	1. 取样时，钢筋两端的 500mm 不能作试样； 2. 预应力混凝土用热处理钢筋土用热处理钢筋必须检验屈服强度
热轧光圆钢筋	1. 外观检查 2. 屈服强度，伸长率 3. 冷弯	扭转试验化学成分分析	检验光圆质量	现场钢筋仓库、堆场	1. 每批由同一牌号、同一炉罐号、同一尺寸、同一交货状态，质量 60t 为一批，不足者也为一批； 2. 冷拉钢盘以同级别、同直径，质量 20t 为一批； 3. 拉伸试样 2 个、冷弯试样 2 个（不同盘）	GB/T 228.1—2010 GB/T 232—2010 GB/T 28900—2012 GB 50204—2015 YB/T 5126—2003 GB/T 1499.1—2017	
钢筋焊接接头	1. 拉伸 2. 弯曲性能		检验钢筋接头质量	钢筋加工场	同规格同级别同接头形式的 300 个接头为一批（不足者也按一批算）	JGJ/T 27—2014 JGJ 18—2012 GB/T 228.1—2010 GB/T 232—2010	

续表

检验类别	必须检验项目	其他检验项目	检验目的	取样地点	取样	质量标准	备注
钢筋机械连接接头	极限抗拉强度	连接件、钢筋丝头的强度	检验钢筋接头质量	钢筋加工场	同厂家同强度等级同规格同类型和同型式接头按500个接头为一批（不足者也按一批算）	JGJ 107—2016 JG/T 163—2013 GB/T 228.1—2010 YB/T 081—2013	

注　1. 必须检验项目是技术检验中的基本保证项目。
2. 其他检验项目是根据设计、施工试验的需要而选做的项目。
3. 质量标准应该执行有效版本的技术标准和规范。
4. 其他要求，电网公司对材料检验作出如下规定：
（1）凡进入现场用于电力建设的水泥，必须先检验后使用。
（2）凡进入现场用于电力建设工程的钢筋必须先检验后使用。

附录B　常用建筑材料送检要求

序号	材料名称	验收批划分	送检次数要求	每组样品数量	样品要求	报告时间	备注
1	水泥	袋装不超过200t为一批，散装不超过500t为一批（不足者按一批算）	每批送检1次	不少于15kg	1. 提供厂家出厂合格证复印件； 2. 在样品的包装注明单位名称或工程名称； 3. 委托单：填写委托单位、工程名称、水泥厂名及牌号、水泥品种及等级、出厂编号、出厂日期或生产日期、代表数量及选择检验项目等，监理见证签名	3天强度报告：7个工作日 28天强度报告：30个工作日	
2	砂	用大型工具运输的（如火车、汽车等）每400m³或600t为一批；小型工具运输的（如马车等）以200m³或300t为一批（不足者也按一批算）	每批送检1次	不少于25kg	1. 在样品包装注明单位名称或工程名称、砂的品种及规格； 2. 委托单：填写委托单位、工程名称、砂子产地、种类、规格、代表数量及选择检验项目等，监理见证签名	7个工作日	
3	石	用大型工具运输的（如火车、汽车等）每400m³或600t为一批；小型工具运输的（如马车等）以200m³或300t为一批（不足者也按一批算）	每批送检1次	最大粒径不大于25mm的40kg；最大粒径31.5～40mm的80kg	1. 在样品包装注明单位名称或工程名称、石子的品种及规格； 2. 委托单：填写委托单位、工程名称、石子产地、种类、规格、代表数量及选择检验项目等，监理见证签名	7个工作日	

续表

序号	材料名称	验收批划分	送检次数要求	每组样品数量	样品要求	报告时间	备注
4	混凝土配合比	每个工程开工前（最好提前 2 个月）	每个强度等级做一次试验，当所组成的材料的产地、规格、品质有明显的变化时，应再做试验	水泥：50kg 砂：50kg 石：100kg （水泥、砂、石等原材料常规检测样品另送）	委托单：填写混凝土试配强度、施工方法、委托单位、工程名称、部位、水泥品种、强度等、生产厂名、砂石产地、种类、规格、减水剂及掺合料名称和指标（附说明书）、坍落度及其他技术要求等	40 个工作日	
5	混凝土抗压	见验收规范 GB 50233—2014 第 6.2.12、6.2.13 条款号规定	见验收规范 GB 50233—2014 第 6.2.12、6.2.13 条款号规定	每组 3 块	1. 试块要求：表面光滑，棱角无损，正方形四正； 2. 试块表面注明编号或桩号、混凝土强度等级、成型日期等； 3. 标准养护：28 天抗压（作验收资料）； 4. 同条件养护条件：按日平均气温（当日温度最高值和最小值的平均值）逐日累计达到 600℃.d 时所对应的龄期，0℃及以下的龄期不计入；等效养护龄期不应小于 14 天，也不宜大于 60 天； 5. 同条件养护试件应在达到等效养护龄期时进行强度试验； 6. 同条件养护需附上温度记录表； 7. 委托单：填写委托单位、工程名称、强度等级、部位、制作日期、养护条件、试件规格及选择检验项目等，监理见证签名	5 个工作日	

续表

序号	材料名称	验收批划分	送检次数要求	每组样品数量	样品要求	报告时间	备注
6	钢筋原材	在每次进货中，按每60t为验收一批（不足者也按一批算）	每批送检1次	每组总数为10根[其中拉伸试验2根，冷弯试验2根，重量偏差5根（试件切口应平滑且与长度方向垂直），反向弯曲试验1根]	1. 取样长度： A. 拉伸试验（2根）：热轧光圆、带肋钢筋：取510mm～520mm； B. 冷弯试验（2根）d为弯直径、a为钢筋直径，热轧光圆、带肋钢筋：$0.5\pi(d+a)+140$mm； C. 质量偏差试验（5根）：取510～520mm； D. 反向弯曲试验（1根）：取800mm（代送）； 2. 每组样品注明炉批号牌号及规格； 3. 委托单：填写委托单位、工程名称、规格、牌号、代表数量及选择检验项目等，需附钢材出厂合格证，监理见证签名	7个工作日	
7	钢筋焊接接头	同规格同级别同接头形式的300个接头为一批（不足者也按一批算）	每批成品	随机切取3个接头	1 取样长度： A. 焊接试验（3个接头）： 单面搭接焊：焊缝外两边各长180mm； 双面搭接焊：焊缝外两边各长200mm； 2. 每组样品注明牌号及规格； 3. 委托单：注明委托单位、工程名称、取样部位、规格、牌号、焊接型式、代表数量、焊接人及证号，监理见证签名	7个工作日	

续表

序号	材料名称	验收批划分	送检次数要求	每组样品数量	样品要求	报告时间	备注
8	钢筋机械连接接头	同厂家同强度等级同规格同类型和同型式接头按500个接头为一批(不足者也按一批算)	每批成品	随机切取3个接头	1. 取样长度:500mm; 2. 每组样品注明牌号及规格; 3. 委托单:注明委托单位、工程名称、取样部位、规格、牌号、连接型式、代表数量、操作人及证号,监理见证签名	7个工作日	

注 送检流程如下:

(1)样品送到实验室放在待检区;

(2)认真填写委托单(字体工整);

(3)双方核对委托单与样品一致后,送样人与收样人签名确认;

(4)交试验费用后等待试验报告(需要邮寄试验报告的单位应填写单位详细地址、邮编号码、收件人及电话)。

附录C　钢筋原材冷弯试验取样长度参照表

强度等级	钢筋规格	取样长度（mm）	强度等级	钢筋规格	取样长度（mm）
热轧带肋钢筋 HRB400 HREB400E	ϕ32 及以上	441	热轧光圆钢筋 HPB235 HPB300	ϕ28 及以上	227
				ϕ25	218
	ϕ30	422		ϕ22	209
	ϕ28	403		ϕ20	202
	ϕ25	336		ϕ18	196
	ϕ22	300		ϕ16	190
	ϕ20	297		ϕ14	183
	ϕ18	281		ϕ12	177
	ϕ16	267		ϕ10	171
	ϕ14	249		ϕ8	165
	ϕ12	234		ϕ6.5	160
	ϕ10	218		ϕ6	158
备注	钢筋冷弯试验取样长度计算公式为： $L=0.5\pi(d+a)+140$mm π——圆周率，取 3.14； a——钢筋直径，如：ϕ10，$a=10$mm； d——弯芯直径。 HPB235/300，$d=1a$；HRB400/400E，ϕ25 以下（包括 ϕ25）的钢筋：$d=4a$，ϕ25 以上的钢筋：$d=5a$				